Gefühle für die es keinen Namen gibt

1000种

说不清 道不明 的情感

[德] 马里奥 · 佐丹奴 一 著

张蜻 一 译

Mario Giordano

海峡出版发行集团 | 鹭江出版社

THE STRAITS PUBLISHING & DISTRIBUTING GROUP | LUJIANG PUBLISHING HOUSE

2017年 · 厦门

图书在版编目（CIP）数据

1000 种说不清道不明的情感 /（德）马里奥 · 佐丹奴著
张婧译 . — 厦门 : 鹭江出版社 , 2017.1
ISBN 978-7-5459-1262-3

Ⅰ . ① 1… Ⅱ . ①马… Ⅲ . ①情感 – 通俗读物
Ⅳ . ① B842.6-49

中国版本图书馆 CIP 数据核字 (2016) 第 300403 号

Author: Mario Giordano
Title: 1000 Gefühle für die es keinen Namen gibt

出版统筹：雷　戎　　策划编辑：王丽婧　　责任编辑：淡　霞　艾　丹
特约编辑：周　玥　　营销编辑：范存榜　赵　娜
责任印制：孙　明　　装帧设计：左左工作室

1000 ZHONG SHUOBUQING DAOBUMING DE QINGGAN
1000 种说不清道不明的情感

[德] 马里奥 · 佐丹奴　著
张婧　译

出版发行：海峡出版发行集团
鹭　江　出　版　社
地　　址：厦门市湖明路 22 号　　**邮政编码**：361004
印　　刷：北京市十月印刷有限公司
地　　址：北京市通州区马驹桥北门口民族工业园 9 号　　**邮政编码**：101102
开　　本：880mm × 1230mm 1/32
印　　张：7.75
字　　数：194 千字
版　　次：2017 年 1 月第 1 版　2017 年 1 月第 1 次印刷
书　　号：ISBN 978-7-5459-1262-3
定　　价：45.00 元

目 录

Contents

代前言

使用小建议

Introduction

USE SMALL SUGGESTIONS

本书是一本可以在家里或路上随手翻阅的情感大全，

配合巧妙的情感索引，

可将情感重新组合。

读者可以从 1 到 1000 之间选一个数字翻阅，

也可使用索引，

像每日预言一样使用。

打造自己最为心仪十大情感榜单，

还可以自我创造一些情感。

立刻记录下来，

和别人一道分享。

欧洲情感收藏家**马里奥 · 佐丹奴**

1

100

1 • 第一眼看见大海时的幸福

2 • 在公开场合说话时的恐惧

3 • 看见她喜欢这件礼物时的轻松

4 • 幸灾乐祸时对自己感到羞耻

5 • 看见他人随机应变时的嫉妒

6 · 刚剪了头发时强烈的行动欲望

7 · 当你生病躺在床上，大家围着你忙前忙后周全照料时的安全感

8 · 对不小心疏忽的后悔

9 · 参加婚礼趣味游戏时的眩晕

10 · 找到新朋友的幸福

• 11

亲手制作一件礼物的乐趣

• 12

当你想要聊天，而他却固执地沉默不语时你感到的愤怒

• 13

诅咒超速驾驶者去死时的惊慌

• 14

对自己不是猴子而是亚当与夏娃的后代感到信心百倍

• 15

电话的另一端没有人接听时的轻松

- **16**
  对生活伴侣酣然入睡的嫉妒
- **17**
  尽管你有一张有效的车票，却仍要被查票时的不爽
- **18**
  对认识朋友的互动游戏感到恐惧
- **19**
  听到一个荒唐借口时的惊讶
- **20**
  下第一场雪时，像孩子一样快乐

• 21 •

为客人饕餮般的胃口感到的欣喜

• 22 •

被人赃俱获时的羞耻

• 23 •

你为之做好充分准备的坏消息落空了时的失望

• 24 •

对一直会留下苦涩回忆的往事的担心

• 25 •

对自制的播放列表感到的自豪

• 26 •

对自己没有能力生气而感到的愤怒

• 27 •

听到八缸发动机汽车浑厚轰鸣时的振奋

• 28 •

对天赋极低的人能走多远的困惑

• 29 •

对天赋极低的自己能走多远感到自惭

• 30 •

吃完一碗热辣面条之后的好心情

31 • 对一个破碎玩具的同情

32 • 对错综复杂的关系链感到日益增长的愤怒

33 • 解除咒语后的自豪

34 • 对烧酒不够的担心

35 • 对夏天可以拥有暖乎乎的脚丫而感到开心

36 • 有些能力是你不急需或压根不想要的，但当你看到别人具备且生活无忧无虑、轻松自信，你除了钦佩别无选择，以至于你想飙泪时对他人的艳羡

37 • 挖鼻孔被别人看到时的尴尬

38 • 对毛茸茸小动物的恐惧

39 • 和妻子闲话家常时的幸福

40 • 接到征税通知书时的恐慌

41 • 被别人恭维时的窘迫

42 • 对到遥远的国度去探险的向往

43 • 对有幸亲身经历 1989 年柏林墙倒塌事件的自豪

44 • 对困在矩阵中的恐惧

45 • 因感觉床底下有怪物而恐惧

46 • 对参加陌生宗教仪式的恐惧

47 • 对邻居家的蜥蜴能够通过阳台爬过来的恐惧

48 • 对外国人会抢走我们的工作和女人的恐惧

49 • 当你的人生完全在睡眠中度过而且将持续如此时的恐惧

50 • 在你出发之前，朋友们为你准备了出乎意料的欢送会时的感动

51 • 当你收拾行李却发现无法将所有东西都塞进箱子时的焦虑

52 • 拍死蚊子时像暴君一样高兴

53 • 你担心掉进黑暗洞穴，不久之后真的发生时，你对洞穴的恐惧

54 • 发现自己非常幸运时的畅快轻松

55 • 当认识到自己和父亲相像时的震惊

56 • 当你狠命地夸自己，大家都点头附和时的愉快

57 • 不把自己局限于狭窄朋友圈的清醒

58 • 在个别问题上根本无法帮助到她时的无能为力

59 • 当你想投诉糟糕的餐馆服务却再一次退缩时的愤怒

60 • 当你没有完成任务而被发现时的恐惧

61

当你意识到自己确实做了正确决定时的满足

62

得到更便宜或者免费东西时的虚荣

63

对自己现在能像孩子一样任性往地上摔东西并且大喊大叫的渴望

64

对某天早晨醒来发现自己竟然和凶神恶煞的女邻居结婚了的担心

65

和爱侣一起在床上吃早餐的幸福

66

对能够即兴演讲的人感到嫉妒

67

对这次随性的约会是否是个好主意感到怀疑

68

美好时刻再也不会回来时的忧伤

69

为名字里有个字母“Y”而感到自豪

70

当你错过乐队合奏，乐队所有的工作队员都发现时的愤怒

• 71 •

全家期待度假回来时的喜悦

• 72 •

树叶沙沙作响时感到的乐趣

• 73 •

对在地铁里传染流感的担忧

• 74 •

对生活伴侣皮下脂肪厚感到同情

• 75 •

当你错过一次机会，而这个机会短时间内不会再出现时的郁闷

76

之前上传的喵星人照片有很多人点赞时的自豪

77

不得不听一个讨厌鬼唠叨时的不耐烦

78

看牙医必须张开嘴时的害羞

79

当一个小婴儿握住你的手指并且久久不愿意放开时，你感到的陶醉

80

对诸如电影中出现的不雅镜头感到期待

81 • 承认自己是乡村音乐迷的尴尬

82 • 对方球员违规从我们的中锋脚下铲球时感到无比的愤怒

83 • 因没有经历战争磨难而感恩上苍

84 • 看到购物单时的快乐

85 • 因不能参与小圈子的窃窃私语而感到的嫉妒

86 • 今天高温，对停工的热切希望

87 • 做白日梦时的喜悦

88 • 对心动感觉的忧伤怀念

89 • 对早起的“鸟儿”感到愤怒

90 • 找到正确的理发师时的幸运感

91 • 当人们赞扬你比实际年龄年轻，你感到的满意

92 • 当人们觉得你比实际年龄成熟，你感到的满足

93 • 当没有人回应你尖锐的申诉书时的愤怒

94 • 八岁少不更事时的悲天悯人情怀

95 • 当你不需要跟别人证明什么时的心静如止水

96 • 琢磨如何骗个小额保险费却被看破时的泄气

97 • 光着脚丫“啪嗒啪嗒”走路时的惬意忘我

98 • 对当面告诉他真相的胆怯

99 • 当你把她逗笑时的骄傲

100 • 第一次手牵手接触时的幸福

101

200

101 • 当电台 DJ 在早晨五点播放你扔掉的音乐 CD 上的歌曲时，你感到无尽的失望

102 • 当你从飞机上看到喜马拉雅山时的难以言表的激动

103 • 对裤子上咖啡污渍感到尴尬

104 • 面对空白纸张（有书写障碍）时不断增长的绝望

105 • 当有人无条件爱你时，你感到的惊奇

106• 对不像别人那样也能干好这件事的羞耻感

107• 因为你没有逛过青楼，别人说你不是真正的男人时的不舒服

108• 当你想到要去逛青楼时，会感到比上面那种情况还要不舒服

109• 一起坐在窗边，单纯地浏览窗外风景时的幸福

110• 对做到事事周全的渴望

111

对高速公路分车带上慢悠悠开车的司机感到愤怒

112

当你想到有小昆虫活在你游泳的水里，而这些昆虫可能将它们的卵产在你的皮肤上时的恐惧

113

当你身高超过 1.85 米时的轻松

114

对某件事是错的感到担心

115

达不到她的要求时的惧怕

• **116**

急行军为肌肉酸痛感到骄傲

• **117**

当你的朋友不嫉妒你，而且同样为你感到高兴时的幸福

• **118**

在门诊女助理面前脱衣服时的不适

• **119**

干了糗事没有被当场抓住时的失望

• **120**

对美腿的艳羡

· 121 ·

对蒙古人入侵的恐惧

· 122 ·

瓢泼大雨时有人为你撑伞时的感激

· 123 ·

听到“咔嚓”脆响时的轻松

· 124 ·

告别之后的孤独感

· 125 ·

对推着沉重的手推车粗暴地挤向存帽处的人感到的气愤

• 126 •

赢得胜利之后的亢奋

• 127 •

想到天主教最后可能在各个方面都观点正确时的担忧

• 128 •

听到公园里彩色小风车转起来“嗡嗡”响时的幸福

• 129 •

对短暂接触的渴盼

• 130 •

对在日内瓦的欧洲核子研究中心可能生产出黑洞，

而这个黑洞可能吞噬我们所有人的担心

131• 在纽约和纽约人约会时的自豪

132• 厌恶老年人时的羞耻感

133• 听电话语音信箱时的失望

134• 毫无顾忌地说别人闲话时的高涨兴致

135• 想到不能再像一个孩子那样而感到悲伤

136• 想到不必成为一个孩子而感到轻松

137• 遇到某个和你长得非常像的人时感到的震惊

138• 你的小马第一次就毫不犹豫地跟你穿过小水坑时，对它的信任油然而生的快乐

139• 当父母终于允许你坐在爸爸旁边的副驾驶座上时的自豪

140• 做选择时左右不定的痛苦

141• 对自己的雄心壮志感到的自豪

142• 对别人极差的品位感到的手足无措

143• 对导游坚定不移的信任

144• 做完忏悔后的轻松

145• 在三十年之后的第一次班级聚会上，自己毫无起色时的手足无措

146• 对他只是一味缄默无言感到愤怒

147• 当她第二遍说“我们恰恰不这样”时，为自己会对她怒不可遏感到担心

148• 想要抚摸他，现在就抚摸他，就这样去抚摸他时的难以遏制的兴奋

149• 当你说出内心关于谁在这里说了算的无赖想法时的胜利感

150• 感到这场争吵会漫漫无期不会结束时的惊慌

151

在夏天看到女大学生时罕见的躁动

152

当你从冰水中爬出来时的兴奋

153

对出去呼吸新鲜空气的渴望

154

指不定什么时候必须用一下放在走廊上的除颤器的恐惧

155

做完某件事的轻松

156. 还有事要做的不轻松

157. 和对方昵称相待时的柔情喜悦

158. 当你想要控制你的小怪癖，一时没有控制好而别人却指出来时的恼恨

159. 看到滑雪道时的恐慌

160. 感觉到活着时的快乐

161

对下一次阵发性疾病发作感到恐惧

162

置身事外的恍惚

163

看到前面不远处一个穿红色 polo 衫的女子，想一直跟着她看看会发生什么事时的果敢

164

当你在飞机场厕所如厕时，清洁女工闯进来，看到你又无动于衷地悄悄走掉时你感到的害臊

165

当你不得不去安慰一个完全陌生的人时的手足无措

166

当你的朋友去了你最喜欢的地方度假时，你对他们感到的嫉妒

167

自己整个人撞在玻璃门上的尴尬

168

期待别人满脸惊讶时的欣喜

169

当别人征询你的意见时的骄傲

170

对自身不够关心的害怕

• 171 •

对同事们无动于衷感到愤怒

• 172 •

对每个人都能闻到你腋窝汗味的忧虑

• 173 •

对自动取款机会吞卡的无端担心

• 174 •

当别人发现你自言自语时的尴尬

• 175 •

对自己在关键时刻的坚强感到惊奇

• 176 •

当你确认成年人有多么脆弱时的失望

• 177 •

看到生活伴侣耍小脾气时的高兴

• 178 •

故意急刹车时的恶趣味——就是现在！

• 179 •

当你得胜归来兴冲冲回到家却没人为此欢呼时的失望

• 180 •

对历史之伟大的无上眷恋

181

对巨大生活变故的害怕

182

带来所有礼物中最美好礼物时的自豪

183

在海关被挑出来接受检查时的惧怕

184

身处宇宙红尘中的孤独感

185

当邻居对你意想不到地友好时的惊奇

186

对自己懦弱胆怯的绝望

187

在高级别终于取得高分的好胜心

188

有可能不能及时找到厕所的恐慌

189

对手牵手的陌生情侣感到嫉妒

190

当年轻人毫无理由地认为你很酷时的喜悦

191 • 对失去工作岗位的恐惧

192 • 当客人对你的煸烩饭感到惊奇时的开心

193 • 当你做简单的大理石蛋糕却失败时的恼怒

194 • 面对留言簿条目时的手足无措

195 • 一次性克服所有障碍的渴望

196 • 一次性克服了所有障碍的胜利感

197 • 当你将自己的儿子彻底宠坏，然后使他们找老婆的标准非常高时的满足

198 • 做完非常逼真的大梦之后的烦躁

199 • 凝视火车窗外风景时顿时感到静如止水

200 • 对一个孩子的笨拙感到同情

201

300

· 201 ·

对有孩子的父母感到羡慕

· 202 ·

当电视上直播皇家婚礼时的激动

· 203 ·

当你自行车被偷时，

对那个偷车贼遇到不幸而痛苦死去的期待

· 204 ·

对太早准备好做事情的客人感到生气

· 205 ·

在身体筋疲力尽之后的满足

· 206 ·

没有人注意到发生了什么时的失望

· 207 ·

想从后面轻捏站在你面前的那个女孩的兴趣

· 208 ·

发脾气时的快感

· 209 ·

当你有了一个天才的主意，
又想到别人可能早就想出这个主意并且发家致富时的惊慌

· 210 ·

送孩子去学校，孩子号啕大哭的悲惨

211

你的孙女和你长得像一个模子里刻出来时的喜悦

212

对于某些已经覆水难收的往事感到羞愧

213

将一座钟拆开，清理干净又重新装好，而这个钟还能继续工作的自豪

214

独自一人过周末的苦楚

215

对完全放松的猫咪感到羡慕

216

对某事看法完全正确而感到自豪

217

对她为什么现在沉默不语感到困惑

218

当你很久没戴隐形眼镜，重新戴上之后对玛丽效应感到的惊奇

（玛丽效应是教育心理学术语，意思是对受教育者进行心理暗示：你很行，你能做得更好，从而使受教育者认识自我，挖掘潜力，增强信心。）

219

当你最好的朋友的老公有外遇时的幸灾乐祸

220

和自己的看法保持一致

221 • 跨越一个门槛的诱惑

222 • 成功拍了一张有一百人的照片的喜悦

223 • 刚挨了一记耳光时的目瞪口呆

224 • 发送一封重要电子邮件时的犹豫

225 • 他母亲能实现他生活梦想时的幸福感

226 • 对别人做出不公正之事感到羞惭

227 • 坐飞机可以帮助陌生的邻座女子克服飞行恐惧时的自豪

228 • 作为兄长必须对所有事情负责的气愤

229 • 对后面还有重重困难而感到的担心

230 • 对她认真倾听你诉说时的感激

231 • 对一个人整天可以讲这么多蠢事感到惊愕

232 • 面对缺陷而不沉沦的勇气

233 • 当旁边桌上坐着的艳妇得到帅气服务生殷勤招待时你感到的嫉妒

234 • 端详老公给自己剥小橘子时的柔情

235 • 一觉醒来，成为皮埃尔·吉尔伯特（法国擅长画海景的画家）或者法碧娜·尚塔尔的担心

236 • 当你发现自己有某项天赋时的骄傲

237 • 对前面那个家伙最终闭上嘴的期待

238 • 当你七十三岁收到人生中第一封邮件时像孩子一样开心

239 • 当自己是孩子时，有一次竟然希望小妹妹消失时的羞耻感

240 • 对生命中突如其来的幸福感到惊奇

241

在陌生环境中的孤独感

242

又犯了一次同样愚蠢错误时的锥心痛苦

243

想要最新款iPad（平板电脑）的贪得无厌

244

话到嘴边却怎么也想不起来这个该死名字时感到的沮丧

245

拥有一个敌人时的强烈满足

246

迟到时的惊慌失态

247

每次看到科隆大教堂时的感动

248

早起时的自豪

249

当猫咪没有表达对你的感激之情时的听天由命

250

作为一个不喜欢足球的人却被邀请去看足球赛时的不舒服

251 • 对自己工作过于平庸感到羞耻

252 • 对他会及时回复你的短信的期待

253 • 对自己再也不会恋爱了的害怕

254 • 对自己可以一直重新爱上别人感到惊奇

255 • 对自己这个评论可能被认为是反犹太人言论的担忧

256 • 对自己被别人找到的期待

257 • 问别人要签名时的害羞

258 • 当名人婚变或分手时你感到的幸灾乐祸

259 • 想要掸掉前面那个男士肩膀上头皮屑的冲动

260 • 在服装租赁处试穿制服时的崇高感

·261·

对事情可以按照这首歌里一样发展的渴望

·262·

登台演出万一搞砸的害怕

·263·

又没有买到生态水果的羞耻

·264·

当你在参加智力问答秀，知道所有答案时对自己扎实的基本知识感到骄傲

·265·

一个人挑起一场混乱时的骄傲

· 266 ·

当你今天又没有锻炼身体，对自己感到的生气

· 267 ·

对自己的虚荣心感到震惊

· 268 ·

当一个朋友在中风之后重新能开口说话时的感动

· 269 ·

期待以后每年生日跟八岁生日那年一样的喜悦

· 270 ·

对自己想要谋杀别人的想法感到震惊

271
对意外而来的友情感到鼓舞快乐

272
对自己刚才不够坚持感到生气

273
当你由于疏忽将邮件发给一个错误的收件人，在邮件里你正和某个人在谈论一个蹩脚借口时的尴尬

274
当看到父母手牵手坐在一起时的衷心喜悦

275
对交作业的最后日期感到恐慌

276

对所有事情是否真和你记忆中一样时所产生的怀疑

277

你必须自己将这场回忆清楚捋一遍的难过

278

又坚持了一个难熬的晚上时的自豪

279

对国家政治漠不关心时感到的羞耻

280

当你的同胞试图和你解释“舒适感”是什么时你感到的无奈

281 • 对自己能举世闻名的热望

282 • 当你打扫地下室，翻到你几乎快要忘记的少年们给你写的往日情书时的感动

283 • 对未能跟所有客人打招呼的忧虑

284 • 在结束一场艰难的对话之后的轻松

285 • 在这种鬼天气还要起床出门的不情愿

286 • 对她还没有理解这个问题感到不知所措

287 • 当你意识到，你的耳朵在打完电话之后依然发热，而和你打电话的他仿佛仍然陪在你身边时的幸福

288 • 不久就要悄然离开的忧伤

289 • 对列车上有湿漉漉的狗狗感到讨厌

290 • 下雨之后去远方的愿望

291 • 对白痴的无端羡慕

292 • 必须去关心每件屁事，否则会一事无成的烦躁

293 • 与医生的断言相反，自己还是会得一种可怕的病，而这种病之前没有人得过的担心

294 • 对虚度了这个下午感到生气

295 • 对你的生活伴侣睡觉忽然不打呼噜感到惊慌

296 • 当快递员按门铃时的开心

297 • 对自己心爱之人的怪癖感到恼火

298 • 在下个时刻对这个怪癖感到心动

299 • 承认你不爱自己孩子时的恐惧

300 • 由于第一缕白头发而产生的绝望

301

400

301 · 对老人脸上的皱纹感到羡慕

302 · 当你意识到生命多么有限时的悲伤

303 · 对一场要决定一切事情的会议感到不快

304 · 对一个完美的蘑菇感到欣喜

305 · 在东方市场上讨价还价的恐惧

306 · 把所有人都评点过一番之后的满足

307 · 看到绚丽美景时的悲怆

308 · 对安全套是否有用的担心

309 · 对一个婴儿的微笑感到期待

310 · 对自己能够充满神秘力量的渴望

• 311 •

对自己能连续三次打错一个电话感到震惊

• 312 •

遇到倒霉糗事时的愤怒

• 313 •

让手推车重新运转时的自豪

• 314 •

身穿完美西装出席会议时的优越感

• 315 •

在火车上遇到保龄球俱乐部成员高呼欢庆时的愤怒

· 316 ·

对地球在此刻可以停止转动，这个美好的夏日午后可以永远保留的期盼

· 317 ·

对不应得到的成功感到惭愧

· 318 ·

躺在一个刚刚铺好的床上感到的极乐

· 319 ·

当你又吸烟了，对自己感到愤怒

· 320 ·

对自己基本上能成为一个更好的人感到高度满足感

· 321

拥有几位知心朋友的感激

· 322

在自怜的感情发作完之后的轻松

· 323

在完美地安装了新吊床之后的骄傲

· 324

对不停表达感谢的人感到不信任

· 325

在城市里看到年轻女士将大水瓶放在大背包里随身带着时的惊奇

· 326

对上了年纪之后会严重忘事的害怕

· 327

当你意识到，自己正逐渐衰老时的震惊

· 328

向前挤挪的乐趣

· 329

对说完这些话会非常出丑感到担心

· 330

对过去的怀念

331 ·

早上作为第一个到游泳池的人，预定到最好的躺椅时感到满足

332 ·

对手稿永远的不满意

333 ·

比其他人跑得都快的满足感

334 ·

对一种让你某天早晨忽然想到童年的味道感到喜悦

335 ·

站在护照自动照相机前紧张的期待

336 ·

与别人仓促和解的不舒服

337 ·

当合同签完字被送回来时的喜悦

338 ·

尽管你已经很不舒服，仍然违反常情地想去坐“8”字形回旋滑道的特别渴盼

339 ·

对这件事竟然可以变得搞笑感到惊奇

340 ·

对坐在副驾驶座位上的女生拥有良好方向感而感到羡慕

341 · 面对半杯水，你看到的是半杯空的而不是半杯满的，但你不愿意说出来的羞耻感。因为说出来之后你又会被当作无可救药的悲观者，虽然悲观者通常有道理，但是也会成为自己的障碍，谁又愿意成为悲观者呢

342 · 对灵感的感恩

343 · 对你的新网站能有更多点击量的期待

344 · 在飞机上争夺座位中间扶手时获胜之后的满足感

345 · 在面对功成名就的朋友们时产生的羞耻感

346 · 对她再回到身边来的希望

347 · 当你确定，你这次不是“好男孩”时的震惊

348 · 有人夸奖自己双手时的自豪

349 · 在火车上对气味难闻的男人感到气愤

350 · 对他会突然起身，走过来并且坐到你旁边的渴望

351 · 不再喜欢自己时的震惊

352 · 十一岁时第一次用英语点单的骄傲

353 · 浪子再次回到家时的幸福

354 · 对她什么时候才能洗完澡感到不耐烦

355 · 对刻板的道德教条的深深厌恶

356

当一些有才智的朋友又找到一个话题，而你对此话题一无所知时的羞怯

357

对会读心术的渴望

358

因为不会读心术而感到轻松

359

因为这个微笑是对别人笑的而失望

360

很久之后重新找到老朋友的喜悦

361 · 对自己的生活可能会崩溃的害怕

362 · 对老是抱怨天气的人感到恼火

363 · 当她在第一次约会，不仅点了个“漂亮的沙拉”，还点了个米兰式烩牛腱时的轻松

364 · 对永久的恶性循环感到害怕

365 · 她在发现你对这个话题只能胡说八道之前就换了个话题时你感到的轻松

366 · 对他今晚让你白白等待的愤怒

367 · 对前面那个男人手臂上竟有如此多汗毛的惊讶

368 · 期待一个平常而安静的周二感到快乐

369 · 把所有阿尔巴尼亚人当作贩毒分子，把所有克罗地亚人当作小偷，把所有美国人都当作笨蛋，把所有有着东方面孔的人都当作至少可疑的人时，感到良心过意不去

370 · 尽管对你而言很重要，但你的朋友却一个都没来时的生气

• 371 •

看到陌生人的家庭老照片时的感动

• 372 •

因为自己孩子聪明而感到自豪

• 373 •

期待在闲谈中透露一个秘密的快乐

• 374 •

聚会上没见到老团伙的人时感到轻松

• 375 •

当你意识到一切都按原则处理是多么简单时的震惊

• 376 •

当你必须走出手术室告诉病人家属，他在手术中去世时的压抑

• 377 •

对姐姐的完美感到嫉妒

• 378 •

在站台遇到喝醉的青少年时感到害怕

• 379 •

为一个小孩子能如此明智地洞察这个世界而感动

• 380 •

承认不爱自己配偶时的怯懦

381
当听到同龄男人喋喋不休地夸赞你满头浓密的头发时感到生气

382
对自己过于迁就的担心

383
和他父母一起欢笑的快乐

384
没有人注意到自己放屁的期望

385
看到老年夫妇手牵手时感到满怀信心

· 386

必须不停地为自己辩解时的气愤

· 387

不能立刻喜欢他所有侄子和侄女而感到羞愧

· 388

你为了找点乐趣想随便看看，而此刻刚刚到十二点时感到的短暂惊慌

· 389

发现只是做了个梦之后的轻松

· 390

对别人身上的吻痕感到羡慕

391 ·

当你用了“侏儒”来形容一个矮个子时的尴尬

392 ·

做到了一次无所畏惧时的自豪

393 ·

对你前面那辆一直打着转向灯却始终不转弯的龟速小汽车感到无力的愤怒

394 ·

告别单身汉队伍时的骄傲自负

395 ·

对自己能说一次睿智言论的希望

396 ·

对同事不应得的成功感到妒忌

397 ·

对为什么自己的人生道路上充满不顺心而感到愤怒

398 ·

最心爱的围巾丢了重新找到时的幸福

399 ·

对服务员将你不经意间给的大笔小费当作你很狂妄自大时感到愤怒

400 ·

做完白日梦之后的好心情

401

500

401 • 对你孩子的无限自大感到失望

402 • 当你每分钟就会去查看一下，到底有没有人回复你绝对原创的 Facebook 消息时对自己的鄙视

403 • 看到她竟然喝这么多酒而且没有跌倒时的惊愕

404 • 对之前在 1978 年宣称你们所有人因为核战而活不到三十五岁的老师感到愤怒

405 • 当你感觉糟糕，有人同情你时的感动

早上醒来听到他在厨房“乒乒乓乓”做早饭时的幸福 • 406

对小兄弟能在警察跟前严守秘密的希望 • 407

在寻找合适的地方将战利品藏起来时的慌乱 • 408

在回答老板问你“今天完成了什么”这个问题时的害怕 • 409

对自己能再长高几厘米的希望 • 410

411 由于自己忠诚的追随者犯了谋反罪而感到痛苦

412 对打瞌睡的害怕

413 对可能永远都是黑夜的担忧

414 当你意识到你已经习惯自己烦人的怪癖时而感到震惊

415 成为她『甜心爹地』的虚荣

416

对父母宽容的屈尊俯就感到气愤

417

从汽车漆上清除掉鸟粪之后的极度满足

418

为下辈子可能投胎成青蛙而担心

419

对要打扮一番，比如穿上西装的担心

420

遇到一个对你胃口的任务时而感到亢奋

• 421 •

在露天音乐会的人群中重新被别人找到的幸福

• 422 •

对柏林养狗人感到气愤

• 423 •

对他不久就会死去的期待

• 424 •

对警笛测试的害怕

• 425 •

伤了别人心时的满足感

• 426 •

翻看一个陌生人的冰箱，由此得知这些人有什么样的生活习惯时的乐趣

• 427 •

第一次共同度假之前的不适

• 428 •

对自己会被错判的担心

• 429 •

对所有事情可能会成为一场空而惊慌

• 430 •

可以在自己妻子面前哭诉人世险恶时的幸福

431 • 对他为什么现在会注视着自己微笑而感到怀疑

432 • 对她之后是否会回来而感到紧张的期待

433 • 对偏偏今天在额头上长了丘疹感到厌恨

434 • 当所有事情并没有那么糟糕时的轻松

435 • 对太早应允别人感到担心

436 • 偏偏今天就下雨时的手足无措

437 • 输掉半决赛的痛苦

438 • 对早晨第一杯咖啡喜悦的期待

439 • 介绍楼上邻居刚刚做了什么时的不寒而栗

440 • 一起做了别人理解不了反而认为奇怪的胡闹事情而感到幸福

· 441

对丝毫没有幽默感的人感到无奈

· 442

晚会结束后终于能坐在车里抽根烟而感到轻松

· 443

自己一时糊涂听人劝说加入了探戈社团，对社团聚会的害怕

· 444

吃薯条时的自我鄙视

· 445

对成为一个有“金子心”的老大的渴望

446

当你介绍自己刚出生的孩子有哪些令人难以置信的天赋时的自豪

447

在海滩上脱衣服时的不舒服

448

对句子最后的表情符号感到生气

449

尽管你有着保镖一样超酷的外形仍然被人拒绝时的愤怒

450

撒谎撒得高明时的骄傲

451 •

对书和杂志里出现字词语法错误感到愤慨

452 •

对一个吻痕的渴望

453 •

想要再次转身问她要手机号码时感到羞怯

454 •

对你女儿提出的聪明问题感到感动

455 •

对自己的愚蠢感到生气

456 • 由于自己草率的言论冒犯他人而感到羞耻

457 • 尽管发生这一切，别人还是友好地和你打招呼时的惊讶

458 • 当你突然意识到，比自己想象中长得还像父母时的震惊

459 • 看到在酒馆外面边吸烟边调情的人而感到嫉妒

460 • 一起吃饭的吸烟者把你独自留在桌上时的气愤

461 · 与好朋友相聚时的幸福

462 · 就是不喜欢某些人时感到的惊奇

463 · 对自己的工作感到快乐

464 · 面对起步的恐惧

465 · 现在自己必须做决定时的绝望

466

对如果我现在按下红色按钮，会发生什么感到好奇

467

难以遏制地想要打这个熊孩子一记耳光的欲望

468

在音乐到了弱音偏偏有人咳嗽时感到愤怒

469

希望得到父亲认可的终生渴盼

470

忘记了重要事情时感到的震惊

· 471 ·

对自己长胡子感到自豪

· 472 ·

回复愚蠢的电子邮件时感到难以言喻的反感

· 473 ·

用外语进行投诉时的羞涩

· 474 ·

为人生中得到的欢呼声总是太短暂而感到痛苦

· 475 ·

但愿自己只是瞎担心的不安

• 476 •

当你在收拾地下室，终于将旧作业本扔掉时感到突如其来的轻松

• 477 •

在瞪眼睛决赛时成了第一个眨眼睛的人而感到生气

• 478 •

期待一个礼物时的快乐

• 479 •

对你孩子突然晴天霹雳般发怒而感到震惊

• 480 •

当把蜘蛛放到户外而不是踩死它时对自己的感动

481 • 在酩酊大醉后的次日早晨感到自怜自艾

482 • 所有商店都关门时的绝望

483 • 面对白纸时的惊慌

484 • 当你从自己兄弟中重新认出自己时对他产生的爱

485 • 一起懒洋洋地窝在沙发里的幸福

486 • 当你得知他已经去世时的惊骇

487 • 期待新的邮购目录时的喜悦

488 • 让自己孩子承担责任时的羞愧

489 • 对自己年纪大时不要孤身一人的期待

490 • 对理所当然却又受之有愧的幸福时刻很快就要结束，而且生活会陷入充满痛苦和不幸的深渊时像新教徒一样感到的不适

• 491

当你早晨触摸到自己腋窝下肿块时的惊慌

• 492

当医生说“我马上告诉你结果”时感到的担忧

• 493

当你们之前没有隔阂时的幸福

• 494

对自家门口发生暴力事件感到手足无措

• 495

当他送了你一副耳环而不是再说一次“旅行愉快”时的喜悦

- **496**

又到了十一月时的失望

- **497**

当看到自以为是的人失败时而感到幸灾乐祸

- **498**

对掌声和热烈赞扬的极度渴望

- **499**

对别人天赋的嫉妒

- **500**

感受速度的乐趣

501

600

501

挤脓包时的极度满足

502

最爱的乐队要解散时的绝望

503

终于开口说了“不”时的自豪

504

对兄弟姐妹的富足感到嫉妒

505

为自己不是在孟买贫民窟长大而感到轻松

506

心爱的大衣上起球时的恼怒

507

期待共同旅行时的快乐

508

成为极度无聊之人的担心，而这担心不是空穴来风

509

对成为世界阴谋的关键人物感到隐隐的确信

510

对睡觉中不经意说出所有秘密甚至提到名字而感到害怕

511 • 同时按下所有电铃按钮时的乐趣

512 • 对裁判感到强烈愤怒

513 • 当你向许愿仙女许愿，许了一切可能的愿望但没有世界和平时而感到自惭形秽

514 • 朋友们过度夸奖你时的高兴

515 • 旅行时拍摄当地居民而感到忸怩

516 • 对看起来毫不费力就可以取得成功的朋友们感到嫉妒

517 • 当你确定在国外也有意大利面和烩饭时深感轻松，当然没有妈妈做的好吃，但总算还有得吃

518 • 期待去参加工作的快乐

519 • 在遇到好管闲事的孩子时感到愤怒

520 • 看到乱糟糟的床时感到柔情似水

• 521 •

一个老朋友向你表达爱慕时感到晴天霹雳般的震惊

• 522 •

在愤怒的呐喊之后感到满足

• 523 •

对这辈子取得了一些成就感到自豪

• 524 •

对这个是否有价值产生怀疑

• 525 •

在安排度假计划时便产生了思乡之情

· 526 ·

在登山旅行时没有筋疲力尽而感到胜利的喜悦

· 527 ·

再次被低估时的愤怒

· 528 ·

对一个小帮助而感到感激

· 529 ·

根本还没开始就要结束时的绝望

· 530 ·

对国外不是每个人都会说英语而感到震惊

531

- 对购物车中垃圾食品里有苹果作为开脱（自己不仅吃垃圾食品，还有水果）感到尴尬

532

- 当你得了感冒独自在家卧病时的自怨自艾

533

- 对电视台偏偏今天播放垃圾节目而感到生气

534

- 对烦琐的塑料包装生产商感到愤怒

535

- 对自己处于青春期的孩子拥有糟糕的身材而感到烦躁

536

- 对管道破裂感到生气

537

- 在大风天气穿了短裙时的尴尬

538

- 在生活中从来不能像模特一样有好身材而感到绝望

539

- 对老公没有留意到你在园艺劳动时留下的擦伤而感到失望

540

- 看到母狮子在热带稀树草原奄奄一息时的悲伤

541 • 对患上鸭那提得症（不知为何一直担心在某处有只鸭子盯着你的持续恐惧）的担忧

542 • 对上十年级的少年们感到嫉妒

543 • 总是在一半的时候漫不经心，最后却往往筋疲力尽的沮丧

544 • 对他们一直会在那里等你的希望

545 • 对会被活埋的担心

546 • 对有人把狗拴住感到感激

547 • 对向前挤的人感到气愤

548 • 对摔碎的东西感到遗憾

549 • 尽管他知道上帝有充分理由这样做而他却没有发火时感到的轻松

550 • 早早就被酒馆扫地出门而感到气愤

• 551 •

终于在厕所得到安静时的幸福

• 552 •

当别的孩子不和你一起玩时的气愤

• 553 •

不能承认谎言的压抑

• 554 •

这次不让她失望的期待

• 555 •

对自己洞察力的满足

556

一直盯着前面那个女生的胸部而且被她发现时的尴尬

557

他偷走了你的噱头时感到手足无措

558

所有事情都像你一直担心的那样发生时感到痛苦的满足

559

对购物中心里的人感到嫌恶

560

暂时撤出恋爱关系时的享受

561 • 第一次在沙丘边散步，闻到固沙草的气味时的幸福

562 • 对转达坏消息的人感到愤怒

563 • 对晚辈总是只提前一点点赶到感到愤慨

564 • 对你弟弟一意孤行感到不满

565 • 对成年人奇怪的问题感到惊奇

566 • 对第一个真正炎热的夏日感到快乐

567 • 对父母又吵架了感到害怕

568 • 现在终于摆脱困境的轻松感

569 • 你打算用小额意大利退休金去度假三周，当你确定还没收到网上转账时的惊慌

570 • 三月份用水冲洗阳台时的幸福

571

疼痛消失时的惊愕

572

疼痛又回来时的惊愕

573

当你老板的名字闪烁在手机屏幕上时感到不适

574

对意想不到的求婚感到气恼

575

太经常说“我爱你”而感到担心

576

淋浴完之后的工作欲望

577

对某次为了正当防卫而必须杀人感到害怕

578

对 Facebook 上不够搞笑的评论感到生气

579

对最好的闺蜜散发着显而易见的魅力感到嫉妒

580

对自己无论怎样努力都无法像她那样光彩照人感到失望

581

- 看到一堆账单时的极度绝望

582

- 对世间真有轮回这事感到担忧

583

- 照镜子时的满足

584

- 对死亡感到害怕

585

- 一个陌生人对你微笑时的快乐

586

- 所有人最后都开始奉承这个糟糕的项目而且继续做这个项目时感到的愤怒

587

- 最终没有人对这件灾难承担责任的无力感

588

- 对同时失去所有一切的害怕

589

- 能够和他分担痛苦的渴望

590

- 对这个问题可能会惹是生非的担心

591

对站在外面晒太阳的人感到嫉妒

592

在严寒天气不用出门而暗自感到高兴

593

对去程如此遥远感到绝望

594

对归程如此短暂感到绝望

595

为自己不是神童而感到痛苦

596 · 当你发现一个错的人爱上你时感到震惊

597 · 对这是谁的孩子感到惊讶

598 · 对偏偏现在下大暴雨感到愤怒

599 · 不带行李出去旅行时的轻松

600 · 对自己的平庸感到震惊

601

700

· 601 ·

期待今天晚上可能发生什么事情的欢乐

· 602 ·

对求爱的电子短信感到贪得无厌

· 603 ·

对今年第一个晒斑感到满足

· 604 ·

对这个晒斑感到羞涩

· 605 ·

对存在宏伟的世界计划信心满满

· 606 ·

对不幸的人感到轻视

· 607 ·

对上述轻视感到羞耻

· 608 ·

搬新家分房间时，对你妹妹讨厌的理由感到愤怒

· 609 ·

期待在复活节找鸡蛋时的快乐

· 610 ·

即使你很普通，还是有人爱你时的惊奇

611
当你从自己的小怪癖中重新认出父母的影子时受到感动

612
对这个东西可能不够大家分享而担忧

613
看到孩子穿鞋再次磨磨蹭蹭时不断增长的烦躁

614
成为一个书呆子的自豪

615
别人不向你透露秘密时的失望

616
你表现得比实际上冷酷时的羞耻

617
听到老公一直讲述同一个笑话，而你每次都能开怀大笑时的快乐

618
对孩子可能会遭遇到什么不测而不停地担心

619
对昔日中学同窗一直年轻的容颜感到嫉妒

620
在新公寓入住第一晚时的孤独

621

当她违背诺言时感到痛苦

622

当广播里播放你最喜欢的歌曲时的快乐

623

对药物不起作用的担心

624

嗅着祖母旧皮衣时的安全感

625

在讨论小组里没有机会发言而感到生气

626

身处逆境时坚定的生活乐趣

627

对无法控制自己感到害怕

628

当你注视着你熟睡的孩子几乎不愿离去时的感动

629

对比自己年轻十五岁的女同事感到妒忌

630

面对自动取款机时永远感到不适

631

- 在生命中找到一席之地的幸福

632

- 对其他人有敌人之类感到嫉妒

633

- 对饱餐完所有为了聚会而准备的鲜炸油煎肉饼的喵星人产生了谋杀欲望

634

- 对老公刚刚站在前面的样子感到自豪

635

- 对自己的忠诚感到怀疑

636

- 乐于助人时的满足

637

- 对所有事情都是错误的而感到吃惊

638

- 得到期盼已久的消息时感到放松

639

- 对旁边桌上那群彼此非常亲密的朋友感到嫉妒

640

- 在排队等候的队伍里感到烦躁

641 • 没人向自己提问时的轻松

642 • 做这个项目完全受阻时的绝望

643 • 你老公想出来的“小小登山游览”原来是想在恐怖的悬崖边上谋杀你时你感到的暴怒

644 • 对出乎意料的延期感到轻松

645 • 对生活在别人天堂里的七十七岁的老姑娘感到轻微嫉妒

646 • 对成为所有对象中唯一一个有嫌疑的人感到担心

647 • 回家之后要老实交代所有事的惊慌

648 • 失眠时面对邪恶念头的无力感

649 • 完全选错礼物时的失望

650 • 对不停给女朋友打电话的同事感到嫉妒

651 • 当有同事接到电话，家人问他为什么还不回家时感到幸灾乐祸

652 • 当自己没有拨电话，也没有人打电话问自己，到底什么时候回家时感到悲哀

653 • 对谎言感到不舒服

654 • 对做完的工作感到满意

655 • 不知道她在旁边谈论什么时的无力感

656 • 新年开始前不久，对人们如此轻率地处理爆炸物感到惊恐

657 • 不久前在教堂里点过一支蜡烛的轻松

658 • 当你只是为了让自己好过而夸赞别人的时候感到羞耻

659 • 提了正确问题时的自豪

660 • 被没什么重要事情的铃声一遍一遍从床上叫醒时的愤怒

· 661 ·

当急救车终于抵达时的轻松

· 662 ·

浏览飞机上的安全指示时既欣慰又恐怖的感觉

· 663 ·

对如此多的虚情假意感到震惊

· 664 ·

为你的孩子对你信任而自豪

· 665 ·

在体育馆听到战歌时的感动

· 666 ·

当大家都对你说你必须“放手”而你却做不到时的绝望

· 667 ·

对放手竟然如此得心应手感到惊奇

· 668 ·

当批评声从四面八方纷纷袭来时像孩子一样产生抗拒

· 669 ·

没有回复她的羞涩

· 670 ·

对别人的谅解的感谢

• 671

在商店偷东西时的刺激

• 672

对所有事情都说定了感到害怕

• 673

对得理不饶人的人感到愤怒

• 674

对短暂明快的争吵而不是长期痛苦的辩论感到期盼

• 675

当你意识到，马上会有一场争吵爆发时的不适

676
立马就撞向护栏的快感

677
对所有事情都变得简单的渴望

678
对说错话的担心

679
对所有事情都有过失的父母永远感到怨恨

680
对无法改变任何事感到绝望

681 尽管截止期迫在眉睫，但是又浪费了一天时对自己的鄙视

682 离开聚会时的兴高采烈

683 不能提供帮助时的忧伤

684 对自己的父亲感到自豪

685 对自家孩子长大之后不再信任自己而感到失望

686 将衣物再次忘在洗衣机里放了一夜时的愤怒

687 对在国外旅行时带回家的黑面包感到高兴

688 对看到电视上战争报道时的漠不关心感到震惊

689 闻到敬神香火时的突然感动

690 结束所有令人不快的事情后感到不耐烦

691

- 对所有人在债务危机之前都兴高采烈地工作并且相信他们总能经受住危机时感到愤怒

692

- 对自己家乡一点变化都没有感到震惊

693

- 看到读书的少年时感到充满希望

694

- 对不能贯彻自己意愿的老师感到轻视

695

- 对电子邮件没收到回复感到生气

696

- 在不假思索许下承诺后，对自己不要失信于人的希望

697

- 对你十岁时得到的老狗感到充满爱意

698

- 对自己之前的冷漠感到震惊

699

- 当你看出损失是不可避免时的清醒

700

- 不用戴领带时的放松

701

800

701

无法在过世的父母跟前为自己青春期的幼稚行为道歉而无比遗憾

702

对搭档的疏忽感到愤恨

703

对早饭桌上写着“爱”之信息的便签感到开心

704

没有报以微笑时的羞耻

705

不能减少她的痛苦而感到忧虑

• 706

他本应该在此期间了解我，但不知他怎么会想到为我做一件这么糟糕的礼物时的手足无措

• 707

对大言不惭的人和牛皮大王一直比你走得还远这个事实感到痛苦

• 708

当你看到电视剧主角被严刑折磨而深感享受时的羞耻

• 709

偷听到青少年谈论僵尸游戏时战栗的高兴

• 710

克服生命危机时的自豪

711 • 按电铃按钮时的羞怯

712 • 对一个去印第安汗蒸小屋过周末的邀请，没有找到信手拈来的理由感到担心

713 • 对你女朋友的愚蠢父母感到愤怒

714 • 对更多的宁静感到渴望

715 • 当你出了极其慷慨的小费却未能赢得这位魅力四射女招待的心时感到失望

716 • 对喜欢自己感到惊愕

717 • 在尝试找一个优雅的借口尽早离开这个极其无聊的聚会时的绝望

718 • 尽管你帮助了这个躺在大街上又呕吐又昏迷的流浪汉，但你仍然对他感到恶心

719 • 在看到一大堆你不得不钻研的外语书籍时感到的抑郁

720 • 你认为自己早就被传染了，尽管你女朋友认为纯粹是想象，你还是感到极度确定

· 721 ·

Facebook 上没人评论时的痛苦

· 722 ·

在一次痛苦的告别之后突然感到很宁静

· 723 ·

考完试的轻松

· 724 ·

第一次约会前的紧张

· 725 ·

对一个完美下午感到满意

· 726 ·

当她看了你一眼，就把你归为既不危险也不有趣的类型时的沮丧

· 727 ·

对一切事情都恰到好处感到快乐

· 728 ·

取笑别人的缺陷时感到羞耻

· 729 ·

今晚再去下一个赌场，将你所有储蓄押到二十八倍时的胡闹

· 730 ·

对人们怎么可以如此邋遢感到思绪凌乱

731

• 对别人的秘密感到嫉妒

732

• 对一幅著名画作的真品肃然起敬

733

• 父母过世时的巨大悲痛

734

• 必须再次向父母借钱时的绝望

735

• 对过去好时光的怀念

736

在电话里听到她声音时的轻松

737

等候热线时的强烈愤怒

738

对处理这件事情太过轻松的担心

739

对初吻的果敢

740

对遇上交通管制的担心

741

• 用鼻子蹭猫咪肚皮时的幸福

742

• 对自己可能有个正被国际警察通缉的连环杀手的双胞胎兄弟感到担心

743

• 对曾经爱过的人突然成为陌路人感到惊异

744

• 付出所有时的满足

745

• 成为班里最弱的人时感到绝望

746

- 对有人提供给你更换到权力黑暗面机会的渴望

747

- 不能保留住这一时刻的惊慌

748

- 对突如其来的告白感到手足无措

749

- 对所有一切都突然变得如此简单感到惊奇

750

- 当你再次给了太多小费时对自己的生气

- 751

之后再也没有点过烟时对自己感到满意

- 752

对你所有的好建议都被当成耳边风时的失望

- 753

允许自己狂妄自大时的胜利感

- 754

对有的人脑袋空空如也却能如此自信自大感到不知所措

- 755

对所有下班之后可以直接休息的人感到嫉妒

756

对下一站下车后从头开始的渴望

757

在自动扶梯排队等候时压抑的攻击性

758

对失去心爱的人感到害怕

759

对你不是一个人独自悲伤感到轻松

760

蜷缩在父母床上并且可以在那里继续睡觉时的幸福

· 761 ·

要对父母分离承担责任感到绝望

· 762 ·

对出身富裕的孩子毫不间断的抱怨感到烦躁

· 763 ·

对生活伴侣先一步离世感到怨恨

· 764 ·

对从未听到过的赞美感到感动

· 765 ·

当你醒来确定自己还能再打半个小时瞌睡时的喜悦

· 766 ·

在电话里扼杀他的羞惭

· 767 ·

对一句未经思考而且伤人的话感到生气

· 768 ·

当有人暗示不经意间帮助过你时的惊讶

· 769 ·

对有人征求自己意见的渴望

· 770 ·

当你确切知道他发生了什么事情时的同情

771 • 当得知你刚刚可能在这个差点发生的事故中死去时感到震惊

772 • 当你的朋友们总是买到更便宜的东西，而你的钱却总是从手缝中溜走时，你对他们的节省有方感到嫉妒

773 • 被别人认为快乐而且轻松时的惊讶

774 • 对实际上所有的友好都是伪装出来的感到羞愧

775 • 二十年之后的一个夏日傍晚，回到一个熟悉的地方，却没有遇到之前认识的人而感到忧伤

776 • 对别人小小的违纪行为感到气愤

777 • 对命运之安排的期望

778 • 当你在人生中最美好的日子没感到有什么特别时的失望

779 • 在今天午休时不用在餐厅独自吃饭时的快乐

780 • 再次说出“开始”和“结束”时对自己的鄙视

781

• 解释清楚某件事时的深深满足感

782

• 对火车上大声打电话的人感到嫉妒，他们可能完全清醒，也许睡了个好觉并且可以打响指

783

• 对医生耐心倾听你的病情感到轻松

784

• 对在铁腾森（德国边境一个小城市）时驶出高速公路感到担忧

785

• 已经知道里面有什么时的痛苦

786

- 对你学生取得成功而感到骄傲

787

- 对所有人都毫不抗拒地听话感到震惊

788

- 没有得到心愿单上排名最靠前的礼物感到无尽的失望

789

- 看着教室窗外时对假期的渴望

790

- 对爸爸如果马上踩死制动，我们后面的司机可能扇我们一记耳光的担心

791 • 再次尝试一次的坚定决心

792 • 对身体虚弱感到鄙视

793 • 对猫咪在兽医跟前保持不动的期待

794 • 看到昨天还和你一起堆沙坑的最好的朋友，今天却和她的新好友在一起堆沙坑时感到的强烈痛苦

795 • 当你想要找到正确的词句却想不出来时的绝望

796 • 对一切可能会变好的希望

797 • 把你所有的一切和他们一起分享时的快乐

798 • 旅行时，你的妻子用蜡烛和毛巾将如此寒酸的宾馆房间布置得自然舒适，你对她的感激

799 • 长途跋涉时因为带了太少的水而感到愤怒

800 • 对可能在楼梯间遇到新邻居而感到担心

801

900

• **801**

对未来的挑战感到有兴趣

• **802**

对别人没有帮助和建议就能胜任而感到失望

• **803**

看到你孩子在学校演出时的感动

• **804**

学校演出时，看到你父母像蜂蜜蛋糕一样光彩照人地坐在观众席时的尴尬

• **805**

在赢来的时间内一事无成的自我鄙视

• **806**

对自己是个真正的好舞者而感到相当孤独的自信

• **807**

夜间在一条偏僻道路上跟在一位女士后面同行，她肯定认为自己在跟踪她时的不爽

• **808**

对她为什么突然不和你打招呼感到手足无措

• **809**

对婚礼上的 DJ（播放音乐的主持人）感到愤怒

• **810**

对得不到手的东西感到渴望

811 • 没有人对这个项目感兴趣时无助的绝望

812 • 能像 Bolle 眼镜公司那样在自己最喜欢的叔叔面前夸耀时的骄傲

813 • 错过了生命中的机会甚至没有尝试去抓住机会时的痛苦

814 • 对能与他邂逅的期盼

815 • 对家庭成员计划出游时的优柔寡断感到烦躁不安

816 • 对自己可能会像那边的女士那样玩完感到担忧

817 • 在最好的天气到处开着新的小黄蜂摩托车（意大利著名摩托车）想象着所有人都认为你很酷时的骄傲

818 • 对双脚可能永远都失去知觉的害怕

819 • 突然想念一位爱过的逝者时的痛苦

820 • 作为世界上唯一一个很显然没做出过这类愚蠢表情的人，对自己感到满意

821

• 当你明白此时此刻你确实无所忧虑时的幸福

822

• 对这种时刻太快就要消失感到担心

823

• 现在就想和前面那个完全陌生的男子同床共枕的渴望

824

• 从来没有经历过“美好的旧时光”的失望

825

• 对随着年龄增长而可以自然而然心灵平静的希望

826

- 别人终于给你解释清楚一件复杂的事情时的感谢

827

- 为必须要解释最简单的事情而感到焦躁

828

- 看电影《走出非洲》，最后又哭了一遍时对自己的感动

829

- 为自己对他如此粗俗不堪而感到羞耻

830

- 对自己是一个女孩，可以这样注视这些局促不安的人时感到轻松

831
想要『扭转』同性恋男人的雄心壮志

832
看到养狗人踩到狗屎时的幸灾乐祸

833
咬指甲时的自我鄙视

834
女朋友送你去蹦极，你踏入蹦极斜坡时的怯懦

835
对如何恭维你好朋友不可口的饭菜感到不知所措

836 • 当父母在一件糗事后没有骂你时的轻松

837 • 击中要害时的喜悦

838 • 对自己会不断爱上别人的害怕

839 • 将它展示给所有人看时的胜利感

840 • 当你看到孩子哭泣，并且确切地知道怎么回事时的旧痛

841 • 当所有一切再次背叛你时的绝望

842 • 对随时都可能有新的发作感到惊慌

843 • 突然之间你的弟弟妹妹能得到所有你必须争取才能获得的一切时的愤怒

844 • 看到青春期的孩子，虽然你很想帮助他走出困境，却无能为力时的极度绝望

845 • 错过一个无与伦比的优惠之后的追悔莫及

846 • 在得到一个呈阴性的检查结果之后的轻松

847 • 对毫无痛苦的一天的期待

848 • 所有事情都向好的一面发展时的感激之情

849 • 当牙医说“现在可以将它拔出来一下”时的惊慌

850 • 期待孙子来看自己时的喜悦

• 851 •

对出乎意料的安慰而感到感谢

• 852 •

又饿又累时的尿意，令人沮丧

• 853 •

对人们本性难移感到失望

• 854 •

对手推车能否撑到阿利坎特港（西班牙港口）感到担心

• 855 •

当父母再次彼此拥抱而且根本不会分开时的喜悦

• 856 •

对自己的懒惰感到气愤

• 857 •

在拔除野草时的极大决心

• 858 •

在打开下一扇小门之前的紧张

• 859 •

对你完全当之无愧却没有得到任何表扬感到愤怒

• 860 •

必须直面无家可归的人在大街上流血斗殴时的惊骇

• **861**

看到新鲜的手绘墙时的幸福

• **862**

对奉承永恒的怀疑，因为你不相信，你没有什么值得别人奉承的

• **863**

被别人贬为贪慕虚荣时的不满

• **864**

没有去寻找生活伴侣却得到了时的惊愕

• **865**

对不断受骗而且意识到这个问题时总是为时已晚的担心

• **866**

当你作为观众坐在法庭上听到宣读诉状时的恐惧

• **867**

当耀赫（《谁是百万富翁》的主持人）给你打电话而你儿子需要电话小丑（电话小丑帮助参赛选手求助场外候选者来回答问题）来回答百万问题时，一时束手无策而害怕

• **868**

对来一次失去控制的机会感到极度渴望

• **869**

作为最后一名被选入小组时的羞耻

• **870**

对别人也会抱怨缺点感到放松

871

因为牺牲者能得到别人同情而对他们感到羡慕

872

在步行街你可能没看到你母亲但她向你走来时的担忧

873

得了肠胃炎的第一晚时的孤独感

874

当你确定这确实是你所努力得到的一切时的清醒

875

找出他人过错的渴望

876

因为做出牺牲的人在道德上无懈可击而对他们产生憎恨

877

当你怀疑那边的人在谈论你时的不适

878

当她一旦离开，可以留下不止一张照片作纪念的希望

879

对自己身体衰弱感到心痛

880

她正在和你讲很重要的事情，你却走神时的害臊

• **881**

对一个你不能随便离开而又不确定的要求感到手足无措

• **882**

因为你只能认为这件事是好事而感到绝望

• **883**

你的朋友们对你做出高度评价时的惊讶

• **884**

偶然认识的人却产生了真正的友谊时的幸福

• **885**

对成为三个兄弟姐妹中之间那个（得到的关注较少）的命运感到愤怒

• 886

当你同事又假装和蔼地将你捅到边上时的愤怒

• 887

老公忘记在周日关闭闹钟时对他感到愤怒

• 888

对那些一直确切知道什么事是对你好的人感到愤怒

• 889

当有人再次告诉你，这件事很简单时的愤怒

• 890

为对手得意的微笑感到愤怒

• 891 •

看剧院表演时对嘟嘟囔囔的学生感到愤怒

• 892 •

对演讲之前在衬衫上沾上酱汁污渍时的愤怒

• 893 •

当他再次推你后背时的愤怒

• 894 •

对所有人都愚忠地相信愚蠢的口号感到愤怒

• 895 •

对还没有解决这个争吵的担忧

• 896 •

担心自己儿子可能是同性恋时的羞涩

• 897 •

对并非所有事情都跑偏了而感到感激

• 898 •

对青春期孩子的粗暴回答感到不知所措

• 899 •

期待克里钦科（世界著名重量级拳王）彻底打败他对手时的喜悦

• 900 •

在飞机上对带着巨大行李箱的高大男人感到憎恨

901

1000

901 吹牛皮被人识破时的羞耻

902 当你认识到你是无条件爱她时的震惊

903 进入一个陌生房间时感到意料之外的安全感

904 对某个特定人的死亡感到轻松

905 等待圣诞节来临的痛苦

906 意识到你的朋友是多么了解你时的感动

907 对只是做梦梦到这件事还是真的在经历这件事的狐疑

908 对他其实也喜欢你素面不化妆的样子感到喜悦

909 在茫茫大海潜水时越潜越深的惊恐

910 对一时冲动就邀请和你没有任何关系的人吃饭时的后悔

• 911 •

对能填补你内心空虚的期待

• 912 •

对你自己是多么可笑而你自己没有意识到感到震惊

• 913 •

对没有在整套训练项目结束之前离开跑步机感到满足

• 914 •

对使用公共洗手间不洗手的人感到生气

• 915 •

我们可以经常这样小坐在一起时的由衷信赖

• 916 •

对久病之后迈出的第一步感到难以遏制的喜悦

• 917 •

对偏偏是自己受到伤害感到极端愤怒

• 918 •

使讨厌的同事打算落空时的自豪

• 919 •

因为一次愚蠢的打赌而吃公牛睾丸时的视死如归

• 920 •

对摸不透自家猫咪的心情感到无能为力

921 • 当她迎合你时的满足感

922 • 自己不能再对任何事心生高兴时的绝望

923 • 对自己母亲在七十三岁时打开了她第一封邮件时的感动

924 • 对一场毫无道理差点失利的足球赛感到失望

925 • 对自己长久以来该死的羞怯感到绝望

926 • 随着年龄的增长可以略微通达地看透世事时的轻松

927 • 对父母会一直把你当成孩子对待感到生气

928 • 当你和妻子做的梦完全一样时感到毛骨悚然

929 • 期待网购快递时的喜悦

930 • 对父母可能在东方集市上将你高价卖出的担心

931 • 找到出乎意料的同盟时感到喜出望外

932 • 这杯酒从你旁边传过去的感激之情

933 • 两个死敌在“承诺去爱”脱口秀互相争吵时的抑郁

934 • 在很酷的酒吧有年轻的服务生出乎意料向你表示兴趣时的骄傲

935 • 无法挽回这个错误时的绝望

936 • 面对一个自己擅长的任务时的冷静

937 • 对你自认为早就克服了的性格缺陷感到鄙视

938 • 经过友善而又艰辛的谈判对自己感到满意

939 • 对意料之外的口味感到惊讶

940 • 对一份将决定自己一切的工作感到畏惧

941
对其他夫妇也会吵架感到满意

942
当你不知道如何跟他道歉时的手足无措

943
没有人去机场接你时的失望

944
无法抗拒打哈欠时的无力感

945
对虚伪的友谊感到愤怒

946

对不仅被爱也被喜欢的渴望

947

不能满足他的要求时的绝望

948

对这首只会让你想起他怎样离开你的老情歌感到憎恶

949

期待清理时的喜悦

950

参加过第一次 Parship（网络约会公司）的约会之后感到失望

951 • 对你父母从来没有庇护过你感到憎恨

952 • 当你突然觉得自己会失明时的心烦意乱

953 • 对聚会上所有人出于无聊再次冗长闲谈时而感到生气

954 • 对日常生活中的小朋友们感到感激

955 • 对炉灶是否熄灭的担忧

956 • 对老公没有很用心地安慰你感到失望

957 • 为这一天完全是给自己准备的而感到兴高采烈

958 • 当别人指责你缺少善良，你突然间不确定是否发生了什么事情时的震惊

959 • 在一个完全陌生的人旁边清醒过来时的骄傲

960 • 对想让你傻傻买东西的讨厌广告词感到愤怒

• 961 •

观察他如何徒劳地让自己保持酷酷的状态时的幸福

• 962 •

怀疑她根本不喜欢你时的茫然无助

• 963 •

在饭店里必须和别人拼桌时的不适

• 964 •

征求朋友意见并且得到好建议时的轻松

• 965 •

对没有未接来电感到失望

• 966 •

吵完架之后宁静的和谐

• 967 •

对在商店里偷窃被抓住的希望

• 968 •

对自己的挑剔感到骄傲

• 969 •

没有被嘲笑时的轻松

• 970 •

再也见不到新相识的朋友时的悲伤

• 971

在一次愚蠢的小误会之后的不安

• 972

建立了一些稳定而且有用的关系之后的自豪

• 973

作为唯一一个未被邀请的人感到痛苦

• 974

对好日子在某个时刻终将到来的深信不疑

• 975

作为德国人，在美国被认为是澳大利亚人时的自豪

976
当很贫穷的人邀请你去他家并且用他们所拥有的一切来招待你时的感动

977
在没有导游的情况下发现终极旅游攻略时的满足

978
对自己可能是个被领养的孩子感到忧心忡忡

979
因为推己及人而对每个极小的生物都感到同情

980
这次终于达到自己要求时的胜利感

981 • 即使你早就离开教会，仍然能参加天主教弥撒做礼拜时的喜悦

982 • 对她可能是正确的感到怀疑

983 • 取得很多成就却无法对此感到由衷高兴时的羞惭

984 • 对这一自发的怀疑是否真实感到担忧

985 • 当你了解到某件事你完全估计错误并且没有被发现时感到生气

986 当你认识到不是所有人都喜欢你时的震惊

987 当你突然意识到你不愿意成为其他人时的淡定

988 原谅一个他人错误时的享受

989 和他父母在一个夏日傍晚喝着凉葡萄酒而且不必说什么时的幸福

990 对过去的终于过去了感到轻松

991

- 周末又没有结识任何朋友的失望

992

- 在国外突然听到自己母语时的感动

993

- 对这次团结只是一种附庸风雅的担心

994

- 对意外之财感到喜悦

995

- 在流完友谊的泪水后感到愉快的筋疲力尽

996

- 期待年度阿玛蕾娜杯（冰激凌）时的喜悦

997

- 切蔬菜时感到自己像星级大厨一样而对自己很满意

998

- 唱卡拉 OK 时半路给别人留下好印象，特别是在唱《超越伊甸园》（歌名）时对自己很满意

999

- 完全搞坏一个不喜欢的任务时的喜悦

1000

- 写完最后一句话时的胜利感

情感
索引

Emotional index

马里奥 · 佐丹奴

Mario Giordano

1963 年出生于慕尼黑，生活在科隆，属于在惊险小说领域最成功的德语作家之一。凭借以梵蒂冈为背景的惊悚小说《启示录》，佐丹奴连续数周位于畅销书作家排行榜之上。他写作了小说《死亡实验》并将其改编为电影剧本，还撰写了精彩纷呈的《犯罪现场》故事，以及儿童书籍，并制作儿童电视节目。

此外，他一直在孜孜不倦地搜集情感。本书是他一个人精心研磨的“情感大全”。